中国石油西南油气田公司

天然气生产场所 HSE 监督检查
典型问题及正确做法

第四分册　城镇燃气、CNG、LNG

《天然气生产场所 HSE 监督检查典型问题及正确做法图集
第四分册　城镇燃气、CNG、LNG》编写组　编

石油工业出版社

内 容 提 要

本书是《天然气生产场所 HSE 监督检查典型问题及正确做法图集》的第四分册。本书对城镇燃气、CNG、LNG 安全生产过程发现的 HSE 典型问题进行了汇总，从专业角度给出正确做法及标准条款。

本书可作为天然气生产 HSE 监督人员监督检查的工作手册，是 HSE 监督人员的学习用书，同时也可为天然气生产单位系统排查问题隐患、整改完善提供指引。

图书在版编目（CIP）数据

天然气生产场所 HSE 监督检查典型问题及正确做法图集 . 第四分册，城镇燃气、CNG、LNG/《天然气生产场所 HSE 监督检查典型问题及正确做法图集 第四分册 城镇燃气、CNG、LNG》编写组编 .—北京：石油工业出版社，2021.11

ISBN 978-7-5183-4984-5

Ⅰ . ① 天… Ⅱ . ① 天… Ⅲ . ① 天然气输送—站场—监督管理—图集② 城市燃气—监督管理—图集 Ⅳ . ① TE8-64

中国版本图书馆 CIP 数据核字（2021）第 224985 号

出版发行：石油工业出版社
（北京安定门外安华里 2 区 1 号　100011）
网　　址：www.petropub.com
编辑部：（010）64523553
图书营销中心：（010）64523633
经　　销：全国新华书店
印　　刷：北京晨旭印刷厂

2021 年 11 月第 1 版　2021 年 11 月第 1 次印刷
889×1194 毫米　开本：1/32　印张：3
字数：50 千字

定价：42.00 元

C O N T E N T S

目录

1 城镇燃气 ··· 1

1.1 生产场站总平面布置 ······························· 3

1.2 场站设备装置 ··· 4

1.3 城镇燃气管道 ·· 22

1.4 输配气管道及附属设备装置 ······················ 26

1.5 岗位操作与行为安全管理 ························· 30

1.6 承包商监督管理 ···································· 31

1.7 用户安全管理 ······································· 52

2 CNG ·· 57

2.1 场站设备装置 ·· 59

2.2 施工现场管理 ·· 68

2.3 岗位操作与行为安全管理 ························· 69

2.4 客户安全管理 ·· 71

2.5 生产、生活辅助设施管理 ························· 72

3 LNG 73

3.1 LNG 站总平面布置 75

3.2 站内设备装置 77

3.3 生产、生活辅助设施管理 85

城镇燃气

1.1 生产场站总平面布置

? 问题描述： 非防爆仪表自控机柜距离最近的气液联动球阀 4.22m，不满足 4.5m 的防爆距离要求。

仪表自控机柜距离最近的气液联动球阀只有 4.22m

错误做法

仪表自控机柜更换为防爆机柜

正确做法

标准条款

《爆炸危险环境电力装置设计规范》（GB 50058—2014）附录 B 规定："爆炸性气体环境危险区域范围典型示例图 5：对于可燃物质轻于空气，……，以释放源为中心，半径为 4.5m，……范围内划分为 2 区。"

1.2 场站设备装置

1.2.1 输配工艺装置

❓ 问题描述： 站场安全阀无检定铭牌。

错误做法

正确做法

‖ 标准条款 ▶

《安全阀安全技术监察规程》（TSG ZF001—2006）附件
E4（3）规定："铅封处还必须挂有标牌，标牌上有校验机构
名称及代号，校验编号，安装的设备编号，整定压力和下次校
验日期。"

②问题描述： 配气站加臭装置未设置集液池。

错误做法

正确做法

标准条款

《城镇燃气加臭技术规程》（CJJ 148—2010）第 4.3.1 条第 3 款规定："加臭剂储罐应设置加臭剂意外泄漏集液池，集液池容积应大于加臭剂储罐的容积。"

？ 问题描述： 配气站变送器防爆隔离密封盒安装方向向下，变送器的防爆接线盒内无隔离填料。

错误做法

正确做法

┃┃ 标准条款 ▶

　　《爆炸危险环境电气线路和电气设备安装》（12D401-3）图集和《电气装置安装工程　爆炸和火灾危险环境电气装置施工及验收规范》（GB 50257—2014）第 5.3.5 条规定："隔离密封件内应填充水凝性粉剂密封填料。"

? **问题描述：** 安全切断阀的引压旋塞阀处于关闭状态。

错误做法

正确做法

标准条款

　　基层站队 QHSE 标准化建设达标验收标准——终端燃气专业（站场管理标准化）生产管理（设备设施维护保养）："阀门开关灵活，各类阀门开关到位。"

？ 问题描述： 压力变送器接地线接在 U 形卡上，未引入到接地端。

错误做法

正确做法

《电气装置安装工程 爆炸和火灾危险环境电气装置施工及验收规范》（GB 50257—2014）第 7.1.1 条规定："在爆炸危险环境的电气设备的金属外壳、金属构架、安装在已接地的金属结构上的设备、金属配线管及其配件、电缆保护管、电缆的金属护套等非带电的裸露金属部分，均应接地。"

❓ 问题描述： 进站阀组气动装置（氮气瓶）无检验钢印标识。

错误做法

正确做法

《钢质无缝气瓶定期检验与评定》（GB/T 13004—2016）第 3.2 条规定："盛装氮气……的无腐蚀性高纯气体的气瓶，每五年检验一次。"

❓ **问题描述：** 安全阀下面连接汇管的截断阀未用铅封锁定。

未用铅封锁定

错误做法

正确做法

▌▌ **标准条款** ▶

《固定式压力容器安全技术监查规程》(TSG 21—2016)第 7.2.3.1.1 条第（4）款规定："如果安全阀和排放口之间装设了截断阀，截断阀是否处于全开位置及铅封是否完好。"

1.2.2 放空排污系统

❓ 问题描述： 汇管放空系统四颗螺栓的法兰未做等电位跨接。

错误做法

正确做法

标准条款

《油气田防静电接地设计规范》（SY/T 0060—2017）第
5.4.3 条规定："当不少于 5 根螺栓连接时，在非腐蚀环境下
可不跨接。"

❓ **问题描述：** 汇管安全阀前的放空管线标识气源走向与实际气源走向不符。

错误做法

正确做法

▍▍ **标准条款**

　　《西南油气田分公司安全目视化管理规定》第十八条规定："管线、阀门的着色应严格执行国家或行业的有关标准。同时，应在管线上标明介质名称和流向，在控制阀门明显位置标明自编号，以便操作控制。"

? 问题描述： 放散立管下端排污阀标着色错误。

错误做法

正确做法

标准条款

　　《西南油气田分公司油气田地面设施标识设计规定》第3.5.1.3条规定："管线及阀门污水管线：紫棕，包括排水管线、含油污水管线。"

1.2.3 仪表及自控系统

问题描述：配气站过滤分离器差压表无高限色带标识。

错误做法

正确做法

标准条款

《固定式压力容器安全技术监察规程》（TSG 21—2016）第 9.2.1.2 条规定："压力表的检定和维护应当符合国家计量部门的有关规定，压力表安装前应当进行检定，在刻度盘上应当划出指示工作压力的红线……"

❓ 问题描述： 气动球阀气源氮气瓶压力低于球阀最小执行气压力
0.4MPa。

错误做法

正确做法

标准条款

《气动球阀使用说明书》第九条规定："为确保气动球阀
的正常开启和关闭，气动球阀执行气采用氮气，执行气压力必
须持续保持在 0.4～0.7MPa。"

1.2.4 安防设备设施及天然气安全防护

❓ **问题描述：** 配气站水塔爬梯未安装护笼。

错误做法

正确做法

▎ **标准条款**

《固定式钢梯及平台安全要求 第1部分：钢直梯》（GB 4053.1—2009）第5.3.2条规定："梯段高度大于3m时宜设置安全护笼。单梯段高度大于7m时，应设置安全护笼。"

❓ **问题描述：** 配气站应急逃生门被农作物阻挡，逃生通道不畅。

错误做法

正确做法

标准条款

　　《西南油气田分公司生产作业场所安全管理规定》第十四条规定："生产装置区应有安全通道，并确保畅通。"

问题描述： 封闭式撬装柜内未安装固定式可燃气体检测报警仪。

错误做法

正确做法

《石油天然气工程可燃气体检测报警系统安全规范》（SY/T 6503—2016）第 5.3.1 条规定："封闭场所存在下列释放源的场所应设置检测点：……c）天然气等可燃气体。"

1.2.5 消防设备设施

问题描述： 消防棚内第二层灭火器顶部离地面高度超过 1.5m。

灭火器顶部离地面超过 1.5m

错误做法

正确做法

《建筑灭火器配置设计规范》（GB 50140—2005）第 5.1.3 条规定："手提式灭火器宜设置在挂钩、托架上或灭火器箱内，其顶部离地面高度应小于 1.5m，底部离地面高度不宜小于 0.08m。"

❓ 问题描述： 干粉灭火器压力表指针位于红线内，压力不足。

错误做法

正确做法

┃┃ 标准条款

《建筑灭火器配置验收及检查规范》(GB 50444—2008) 第 2.2.6 条规定："灭火器压力指示器的指针应在绿区范围内。"

? 问题描述：干粉灭火器喷射软管断裂。

错误做法

正确做法

《建筑灭火器配置验收及检查规范》（GB 50444—2008）
第5.2.4条规定："灭火器的检查记录应予保留；附录C建筑
灭火器检查内容、要求及记录的外观检查第16点：灭火器喷
射软管完好、无明显龟裂等。"

1.3 城镇燃气管道

1.3.1 管道附属设备装置

❓ 问题描述： 楼栋燃气调压箱安装位置距离用户房间窗户约 40cm，间距太近，不符合规范要求。

调压箱安装位置距离窗户约 40cm

错误做法

正确做法

▌ 标准条款 ▶

　　《城镇燃气设计规范（2020 年版）》（GB 50028—2006）第 6.6.4 条规定："调压箱到建筑物的门、窗或其他通向室内的孔槽的水平净距应符合下列规定：当调压器进口燃气压力不大于 0.4MPa 时，不应小于 1.5m；当调压器进口燃气压力大于 0.4MPa 时，不应小于 3.0m；调压箱不应安装在建筑物的窗下和阳台下的墙上。"

? **问题描述：** 燃气管线锈蚀严重。

燃料气管线锈蚀

错误做法

已做好防腐

正确做法

标准条款

《城镇燃气设计规范（2020 年版）》（ GB 50028—2006 ）
第 6.7.1 条："钢质燃气管道必须进行外防腐。"

1.3.2　阀井

? **问题描述：** 阀井内阀门锈蚀严重，维护保养不到位。

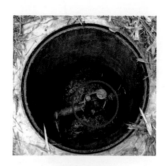

错误做法

正确做法

　　基层站队 QHSE 标准化建设达标验收标准——终端燃气专业（站场管理标准化）生产管理（设备设施维护保养）："3. 站场员工按要求及规定频次对各类设备进行维护保养及检测，5. 阀门开关灵活。"

? **问题描述：** 阀井内的积水严重，阀门处于淹没状态。

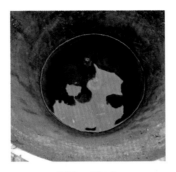

错误做法

正确做法

标准条款

基层站队 QHSE 标准化建设达标验收标准——终端燃气专业（站场管理标准化）生产管理（设备设施维护保养）："3. 站场员工按要求及规定频次对各类设备进行维护保养及检测。"

1.4 输配气管道及附属设备装置

1.4.1 管道铺设安装及保护

(?) 问题描述： 埋地输气管道裸露在外。

错误做法

正确做法

标准条款

　　《中国石油西南油气田分公司输气管道巡护管理办法》第二十五条规定："巡线人员应密切关注管道沿线地貌变化、管道及附属设施的完好性、保护范围内的施工作业以及可视范围内周边社会活动等情况。重点检查以下内容：（一）管道是否有露管，管道附属设施是否完好。"

问题描述： 输气管道未进行有效支撑。

错误做法

正确做法

标准条款

《健康、安全与环境检查规范（第5部分 城镇燃气）》（Q/SY XN 0403—2013）表A.3规定："燃气设施运行、维护和抢维修对有可能影响燃气管线安全运行的施工现场，应加强燃气管线的巡查与现场监护，应设立临时警示标志；施工过程中造成燃气管道损坏、管道悬空等，应及时采取有效的保护措施。"

❓ 问题描述： 某燃气管线部分管段未设置地面走向标识。

错误做法

正确做法

《西南油气田分公司天然气管道巡护手册（燃气管道分册）》第二章第一节（五）规定："按规范要求设置必要的标志桩（砖或盖）、警示牌，相邻的两个标志之间要能够实现通视，管道位置与走向定位准确且连续。"

1.4.2 阀室

? 问题描述： 阀室电力计量表安装位置距工艺区阀门 4.02m，不足 4.5m 防爆距离。

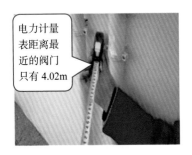

电力计量表距离最近的阀门只有 4.02m

错误做法

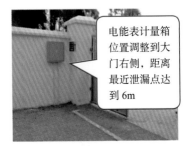

电能表计量箱位置调整到大门右侧，距离最近泄漏点达到 6m

正确做法

‖ 标准条款

《爆炸危险环境电力装置设计规范》(GB 50058—2014)附录 B 规定："爆炸性气体环境危险区域范围典型示例图5：对于可燃物质轻于空气，……以释放源为中心，半径为 4.5m，……范围内划分为 2 区。"

1.5　岗位操作与行为安全管理

? 问题描述： 配气站管理手册规定便携式可燃气体检测仪报警值设定一级报警小于或等于 25% LEL，二级报警小于或等于 50% LEL。

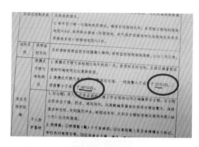

错误做法

正确做法

标准条款

《石油天然气工程可燃气体检测报警系统安全规范》（SY/T 6503—2016）第 6.3.3 条规定："便携式可燃气体检测报警器的一级报警设定值应小于或等于 10% LEL，二级报警设定值应小于或等于 20% LEL。"

1.6　承包商监督管理

1.6.1　承包商资质管理

❓ **问题描述：** 城镇燃气管道工程设计压力 0.8MPa，而承包商只具有市政工程施工总承包贰级资质，超资质承揽工程项目。

错误做法　　　　　　　　**正确做法**

▌▌ **标准条款**

　　中华人民共和国住房和城乡建设部颁发的《建筑业企业资质标准》规定："城镇燃气 0.4MPa 以上的工程项目，施工单位应具有市政公用工程施工总承包壹级资质的要求。"

1.6.2 作业许可

问题描述： 工程施工中，部分作业人员未参加安全技术交底，由他人代签作业许可票，无施工方案和安全预案，动火作业时，监护人不在现场。

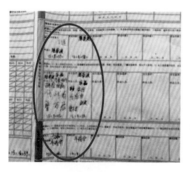

错误做法

正确做法

标准条款

《西南油气田分公司作业许可管理规定》第三十五条规定："作业方安全监护在作业期间离开作业地点，作业活动必须暂停。"

? 问题描述：工艺区 A 类动火作业期间，属地监督未严格执行连续性气体监测每 2h 记录一次的要求。

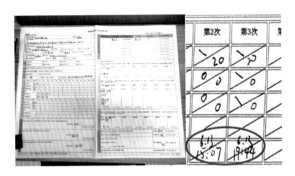

错误做法

正确做法

《西南油气田公司作业许可管理规定》第三十四条规定："气体检测与监测（四）A 类作业连续监测，B 类作业至少每隔 2h 复测或连续监测。监测结果每 2h 记录一次，并填写在作业许可证中。"

? **问题描述：** 管道碰口作业前，属地单位和施工单位未开展工作界面交接，未进行安全技术交底，未开展开工条件确认。

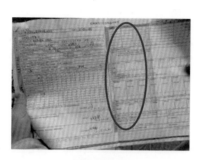

错误做法

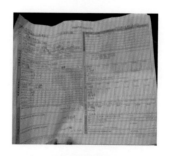

正确做法

标准条款

　　《西南油气田分公司作业许可管理规定》第二十九条规定："首次开工，作业项目负责人到场，确认材料、备件、施工机具等符合设计要求，并组织 A 类作业首次现场安全技术交底。A 类作业首次开工，作业许可签发人应到现场核查控制措施符合性，与属地监督共同进行开工条件确认。"

1.6.3　坑池、临边、高处作业

？ 问题描述： 橇装基坑未设置临边防护措施。

错误做法

正确做法

　　《西南油气田分公司油气田地面建设工程施工现场规范化管理实施细则（试行）》（站场分册）第 8.1.6 条规定："基坑施工深度超过 1m，坑边应设临时防护措施，采用'警示立杆＋警戒线方式'设置临边安全防护措施。"

问题描述：场站内进行动土作业时，开挖出的堆土与管沟边沿距离不足 1m。

错误做法

正确做法

标准条款

《西南油气田公司挖掘作业安全管理规范》第十一条（保护系统安全要求）规定："（七）挖出物或其他物料至少应距坑、井、沟槽边沿 1m，堆积高度不得超过 1.5m，坡度不大于 45°。"

❓ **问题描述：** 施工人员在 3m 高脚手架上作业时，未佩戴安全带。

错误做法

正确做法

▌▌ 标准条款

　　《西南油气田公司高处作业安全管理规范》第十一条规定："（一）高处作业人员必须系好安全带，戴好安全帽，衣着灵便，禁止穿硬底和带钉易滑的鞋，安全带的各种部件不得任意拆除，有损坏的不得使用。安全带和安全帽应符合相关标准要求。"

1.6.4 脚手架

❓ **问题描述：** 脚手架未设置人员上下通道，作业人员通过翻越脚手架的方式进入操作台。

错误做法

正确做法

标准条款

　　《西南油气田公司高处作业安全管理规范》第八条规定："坠落预防措施：高处作业应使用符合有关标准规范的吊架、梯子、脚手板、防护围栏和挡脚板等。"

❓ 问题描述： 搭设脚手架时立杆搭设在松软土堆上，采用木工板做立杆支撑垫板，垫板支撑强度不够，立杆易下沉；扫地杆不全，杆件端头伸出扣件的长度过长或过短，不符合脚手架搭设规范。

错误做法

正确做法

▌▌ **标准条款**

《建筑施工扣件式钢管脚手架安全技术规范》（JGJ 130—2011）第 7.3.3 条规定："底座安放应符合下列规定：1 底座、垫板均应准确地放在定位线上；2 垫板应采用长度不少于 2 跨、厚度不小于 50mm、宽度不小 200mm 的木垫板"第7.3.11.5 条规定："各杆件端头伸出扣件盖板边缘的长度不应小于 100mm。"

1.6.5 动土、挖掘施工作业

❓ **问题描述：** 管沟挖掘现场，弃土临边堆放。

错误做法

正确做法

《西南油气田公司挖掘作业安全管理规范》第十一条（保护系统安全要求）规定："（七）挖出物应及时运出，如需要临时堆土，或留作回填土，挖出物或其他物料至少应距坑、井、沟槽边沿 1m，堆积高度不得超过 1.5m，坡度不大于 45°，不得堵塞下水道、窨井以及作业现场的逃生通道和消防通道。"

问题描述： 挖掘机操作手穿拖鞋进行挖掘作业。

错误做法

正确做法

标准条款

《石油天然气作业场所劳动防护用品配备规范》（SY/T 6524—2017）第 7.4 条规定："作业人员上岗作业时，应按要求正确穿（佩）戴劳动防护用品。"

❓ 问题描述： 施工中对挖掘出的线缆未采取保护措施。

错误做法

正确做法

标准条款

　　《西南油气田公司挖掘作业安全管理规范》第九条规定："（四）对于作业过程中暴露出的线缆、管线或其他不能确认的物品时，应立即停止作业，妥善加以保护，并报告施工区域所在单位，待现场确认，并采取相应的安全保护措施后，方可继续作业。"

1.6.6 动火作业

❓ 问题描述： 配气站建设工程，施工现场乙炔瓶未安装回火防止器。

错误做法

手轮

减压阀

回火阀

正确做法

| 标准条款 |

　　《气瓶使用安全管理规范》（Q/SY 1365—2011）第 4.3.12 条规定："乙炔气瓶瓶阀出口处必须配置专用的减压器和回火防止器。"

? **问题描述：** 管道工程施工中，热煨弯管被切割焊接使用。

错误做法

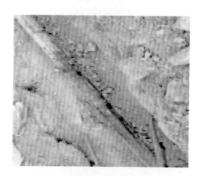

正确做法

标准条款

《油气田集输管道施工规范》（GB 50819—2013）第 8.1.1 条规定："热煨弯管不得切割使用。"

1.6.7 作业（能量）隔离

❓ **问题描述：** 堆管场吊装作业与土建施工存在交叉作业，未采取隔离措施，也未设置警示标识。

错误做法

正确做法

> **标准条款**

　　《西南油气田公司移动式起重机吊装作业安全管理规范》第十六条规定："吊装作业安全要求：（十）起重机吊臂回转范围内应采用警戒带或其他方式隔离，无关人员不得进入该区域内。"

❓ 问题描述: 燃气管线无损检测作业前,未及时告知属地单位,现场无目视化警示标牌,检测点 5m 范围内有施工人员未及时撤离。

10m 外有其他施工

无损检测作业的射线机

射线机操作控制箱

错误做法

防辐射警示标牌

正确做法

▍标准条款 ▶

　　《西南油气田分公司油气田地面建设工程施工现场规范化管理实施细则(试行)》(站场分册)第 12.6.2 条规定:"射线检测作业前,检测单位应提前通知检测区域相关单位注意射线辐射防护"第 12.6.3 条规定:"预制组件射线检测集中区、射线检测作业现场应设置安全警戒区:b)射线检测作业区域应按照 6.2.1 相关要求设置警示带和警示标识进行作业安全隔离;c)射线检测作业安全警戒边界应设置'当心辐射''禁止跨越'等安全警示标识;d)射线检测作业区域应安排安全监督员严格警戒管理,在作业警戒区内禁止无关人员进入,曝光过程中应设专人进行巡视监视。"

问题描述： 隔离方案中要求对 F44 号阀进行隔离，但在隔离清单及状态确认表中无该阀的实施隔离时间和执行人签字。

错误做法

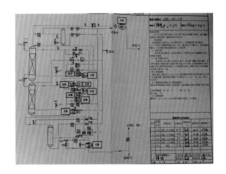

正确做法

标准条款

《西南油气田公司能量隔离安全管理规范》第十二条规定："现场核查属地单位与作业单位在执行工作界面交接时，应对照《隔离方案》共同确认能量已隔离或去除。"

1.6.8 施工机具设备工具

❓ **问题描述：** 施工使用的手持电动工具的转动部位未安装防护罩。

错误做法

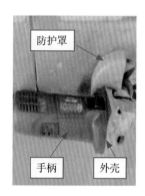

防护罩

手柄   外壳

正确做法

标准条款

　　《通用工器具安全管理规范》（Q/SY 08367—2011）附录 A.4 砂轮切割机的安全使用要求规定："传动装置和砂轮的防护罩必须安全可靠，并能挡住砂轮破碎后飞出的碎片。"

❓ **问题描述**：切割机电机电源线老化、焊机电源线绝缘层破损，电源铜芯、线头裸露。

错误做法　　　　　　　　**正确做法**

▎▎ **标准条款**

　　《施工现场临时用电安全技术规范》（JGJ 46—2005）第3.3.3 条规定："临时用电工程应定期检查。定期检查时，应复查接地电阻值和绝缘电阻值。"

　　《西南油气田分公司安全目视化管理规定》第十六条规定："除压缩气瓶、脚手架以外的其他工器具（如手持电动工具、电工工具等），使用单位应定期检查确认其完好，并在其明显位置粘贴检查合格标签。"

1.6.9 施工现场管理

问题描述： 施工现场临时堆放钢管、热煨弯管道等管材直接放置地面，易损伤坡口。

错误做法

正确做法

《油气田集输管道施工规范》（GB 50819—2013）第7.2.5条规定："当布管时，防腐管不得直接置于坚硬地面或石块上。防腐管下应加软质垫层，其高度应满足组装及安全要求。"

? **问题描述：** 新修围墙一伸缩缝用水泥填充。

错误做法

正确做法

标准条款

《砌体结构工程施工质量验收规范》（GB 50203—2011）
第3.0.5条规定："伸缩缝、沉降缝、防震缝中的模板应拆除
干净，不得夹有砂浆、块体及碎渣等杂物。"

1.7 用户安全管理

❓ 问题描述： 用户家中燃气设施暗封，安装位置通风不良。

错误做法

正确做法

标准条款

《城镇燃气设计规范（2020 年版）》（GB 50028—2006）第 10.3.2 条规定："用户燃气表的安装位置，应符合下列要求：1. 宜安装在不燃结构的室内通风良好和便于查表、检修的地方。"

❓ 问题描述： 供电线与燃气管线交叉敷设，距离不满足规范要求。

错误做法

正确做法

█ **标准条款**

《城镇燃气设计规范（2020 年版）》（GB 50028—2006）第 10.2.36 条规定："室内燃气管道与电气设备、相邻管道之间的净距不应小于 10.2.36 的规定'明装的绝缘电线或电缆，交叉敷设与燃气管道的净距为 10cm。'"

❓ 问题描述： 用户管线上安全切断阀自动执行机构被人为用铁丝捆绑，自动切断功能失效。

错误做法

正确做法

▌▌ **标准条款**

　　基层站队 QHSE 标准化建设达标验收标准——终端燃气专业（站场管理标准化）生产管理（设备设施维护保养）："阀门开关灵活，各类阀门开关到位。"

? 问题描述： 商业用户户内燃气报警仪未接通电源，无法进行泄漏监测。

错误做法

正确做法

　　《城镇燃气设计规范（2020年版）》（GB 50028—2006）第6.6.6.2条规定："3）房间内应设置燃气浓度检测监控仪表及声光报警装置。该装置应与通风设施和紧急切断阀连锁，并将信号引入该建筑物监控室。"

? **问题描述：** 用户家中热水器未安装烟道。

错误做法

正确做法

标准条款

《家用燃气快速热水器》(GB 6932—2015) 第 5.2.2.8.1 条规定："自然排气式热水器应随热水器配备标准排烟管，并延伸至户外。"

2

CNG

2.1 场站设备装置

2.1.1 工艺设备装置

问题描述： 压缩机注油器注油口盖板未用螺栓固定。

注油器注油口盖板未用螺栓固定

错误做法

正确做法

标准条款

基层站队 QHSE 标准化建设达标验收标准——终端燃气专业（站场管理标准化）生产管理（设备设施维护保养）："设备部件完好，支架支撑作用可靠，螺栓及螺纹紧固。"

问题描述： 水泵房空压机、电动机轮子使用砖头垫高，未固定。

错误做法

正确做法

标准条款

　　基层站队 QHSE 标准化建设达标验收标准——终端燃气专业（站场管理标准化）生产管理（设备设施维护保养）："设备部件完好，支架支撑作用可靠，螺栓及螺纹紧固。"

问题描述： 进气管道处球阀处于半开状态。

错误做法

正确做法

《健康、安全与环境检查规范（第3部分　天然气采输）》（Q/SY XN 0401—2013）表A.4阀门检查表规定："1.球阀、平板阀、闸阀只作全开、或全闭操作，不得作为节流阀使用。"

? **问题描述：** 回收罐出口的止回阀法兰四颗螺栓未做等电位连接。

错误做法

正确做法

▌ 标准条款

　　《油气田防静电接地设计规范》（SY/T 0060—2017）第 5.4.3 条规定："当不少于 5 根螺栓连接时，在非腐蚀环境下可不跨接。"

问题描述： 压缩机排气温度变送器外壳未接地。

错误做法

正确做法

《电气装置安装工程接地装置施工及验收规范》（GB 50169—2016）第3.0.4条规定："电气装置的下列金属部分，均必须接地：1 电气设备的金属底座、框架及外壳和传动装置。"

2.1.2 仪表及自控系统

(?) **问题描述:** 在线硫化氢检测仪前端管道上设置的压力表未定期检定。

错误做法

正确做法

标准条款

　　《中华人民共和国计量法》第九条规定:"用于贸易结算、安全防护、医疗卫生、环境监测方面的列入强制检定目录的工作计量器具,实行强制检定。未按照规定申请检定或者检定不合格的,不得使用。"

问题描述： CNG 加气站仪控间未配备温湿度计。

错误做法

正确做法

标准条款

《石油化工控制室设计规范》（SH/T 3006—2012）第
4.6.1条规定："控制室应进行温度和湿度控制。控制室的
操作室、机柜室、工程师室等室温为：登记20℃±2℃，
夏季26℃±2℃，温度变化率小于5℃/h；相对湿度为：
40%～60%，湿度变化率小于6%/h。"

2.1.3 安防设备设施

❓ 问题描述： 工艺区视频监控防爆接线盒未使用的线孔未进行封堵。

错误做法

正确做法

▌ 标准条款

《危险场所电气防爆安全规范》（AQ 3009—2007）第 7.1.3.1.7 条规定："电缆进线装置应密封可靠，不使用的线孔，应用适合于相关防爆型式的塞元件进行堵封。"

? 问题描述： 三合一气体检测仪故障。

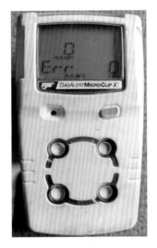

错误做法

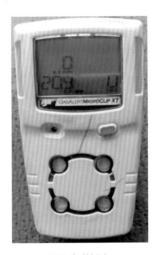

正确做法

▌▌ **标准条款**

　　《西南油气田分公司安全防护器材管理规定》第二十七条规定："各使用单位应明确专人负责安全防护器材的保管和维护，确保安全防护器材完好。"

2.2　施工现场管理

问题描述： 加气站顶棚拆除关键性吊装无专项吊装方案。

嘉陵加气站大棚维修顶部彩钢瓦及水槽
吊装方案及控制措施

　　嘉陵加气站大棚维修，其中需要将顶部彩钢瓦全部吊装至地面进行更换，同时将水槽吊装至指定位置，水槽就位后，再将彩钢瓦吊装至大棚。为避免发生事故，必须加强监控管理，作业前，对参加作业人员进行安全技术交底，采取有效防护措施。

一、基本概况

　　1、作业位置：嘉陵加气站加气岛；

　　2、作业原因：大棚维修；

　　3、吊装重量：500kg；

　　4、吊装高度：12m。

二、检修前的准备

　　1、办理PTW作业许可票证，制定合理的施工方案及应急预案；

　　2、准备好施工器具：吊车1台，扳手、钢丝绳等；

　　3、确定吊装作业范围，设置警示带；

　　4、安排好作业人员。

三、施工作业

错误做法　　　　　　　　　　　**正确做法**

标准条款

　　《化学品生产单位吊装作业安全规范》（AQ 3021—2008）第5.3条规定："吊装质量大于等于40t的重物和土建工程主体结构，应编制吊装作业方案。吊装物体虽不足40t，但形状复杂、刚度小、长径比大、精密贵重，以及在作业条件特殊的情况下，也应编制吊装作业方案、施工安全措施和应急救援预案。"

2.3 岗位操作与行为安全管理

? 问题描述：球阀处于半开状态。

错误做法

正确做法

　　《健康、安全与环境检查规范（第3部分 天然气采输）》（Q/SY XN 0401—2013）表 A.4 阀门检查表规定："1.球阀、平板阀、闸阀只作全开、或全闭操作，不得作为节流阀使用。"

? **问题描述:** 气液联动球阀未编制操作规程或操作卡。

错误做法

正确做法

▌▌标准条款

　　《中国石油天然气股份有限公司勘探与生产分公司关于规范基层站队 HSE 作业指导书、岗位操作卡的指导意见》第十五条规定:"当岗位设备、工艺流程发生变化,HSE 作业指导书和岗位操作卡不能有效指导岗位人员安全操作时,应及时进行修订。"

2.4 客户安全管理

？ 问题描述：加气站一出租车在加气过程中，边滑行边加气。

错误做法

正确做法

标准条款

　　《西南油气田公司 CNG 加气站安全管理规定》第十二条规定："作业管理加气作业：3.操作人员应站侧面引导车辆进站，汽车应停在标有明显标识的指定位置，保持与加气机 1m 以上距离。4.汽车停稳后，操作员应监督司机拉紧手刹，引擎熄火，取下车钥匙，离开驾驶室。夜间应半闭车灯。"

2.5 生产、生活辅助设施管理

? **问题描述：** 办公室空调电源线搭接不规范。

错误做法

正确做法

标准条款

　　《西南油气田公司办公区域安全管理规范》（司办〔2013〕9号）第四章第二十五条规定："第（4）点：电插板、插座、开关、电线等应符合相关标准要求，保持整洁、不得被任何物体覆盖；第（5）点：电线和插座应得到良好的维护，插座无松动、绝缘无磨损；第（6）点：所有电线电缆应完好无损、排列整齐，远离易燃物、热源、腐蚀品、金属管路等。"

3

LNG

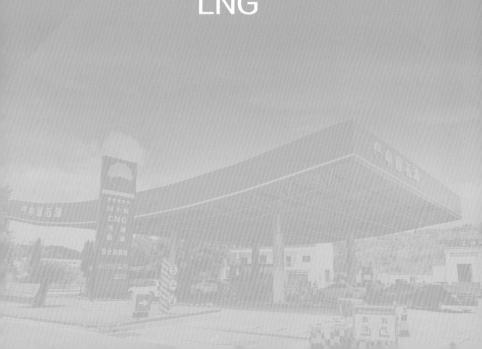

3.1 LNG 站总平面布置

问题描述：LNG 加气站 LNG 储罐周围未设置围堰。

错误做法

正确做法

标准条款

《石油天然气工程设计防火规范》（GB 50183—2004）第 10.3.3 条规定："液化天然气设施应设围堰……"

❓ 问题描述： LNG 加气站充装区未设置静电释放装置和警示标志。

错误做法

正确做法

标准条款

《石油天然气工程设计防火规范》（GB 50183—2004）第 9.3.1 条规定："对爆炸、火灾危险场所内可能产生静电危险的设备和管道，均应采取防静电措施。"

3.2 站内设备装置

3.2.1 工艺装置

❓ 问题描述: LNG 回注管线泄漏。

错误做法

正确做法

┃┃ 标准条款 ▶

基层站队 QHSE 标准化建设达标验收标准——终端燃气专业(站场管理标准化)生产管理(设备设施维护保养):"现场设备无'跑、冒、滴、漏'情况。"

3.2.2 仪表及自控系统

❓ **问题描述：** 流量计信号传输线进线口未密封。

错误做法

正确做法

《电气装置安装工程爆炸和火灾危险环境电气装置施工及验收规范》（GB 50257—2014）第 4.1.4 条规定："防爆电气设备的进线口与电缆、导线引入连接后，应保持电缆引入装置的完整性和弹性密封圈的密封性，并应将压紧元件用工具拧紧，且进线口应保持密封。"

? 问题描述： 压力表未粘贴检定标签。

错误做法

正确做法

标准条款

　　《西南油气田分公司城镇燃气生产技术管理指导意见》规定："合规性检查应包括：安全阀、压力表、温度计、变送器、可燃气体检测仪、火灾监测仪、计量仪表、报警装置等经有资质的检测机构检定合格且能正常工作。"

❓ **问题描述**：加臭装置运行期间泵出口管线压力表无压力显示。

错误做法

正确做法

标准条款

《基层站队 QHSE 标准化建设达标验收标准》规定："终端燃气专业（站场现场标准化）2.流程目视化 2.仪表：表盘读数清晰，显示正确。"

3.2.3 电气设备设施

问题描述： 防爆接线箱底部进线处挠性接线管接头脱落，未与防爆接线箱有效连接。

错误做法

正确做法

标准条款

《爆炸性环境 第 15 部分：电气装置的设计、选型和安装》(GB/T 3836.15—2017) 第 9.3.11 条规定："电气设备的电缆连接应保持相关防爆型式防爆性能的完整性。"

3.2.4　安防设备设施

❓ **问题描述：** 安全帽已过有效期。

错误做法

正确做法

　　《安全帽生产与使用管理规范》（Q/SY 08129—2011）第9.7条规定："报废管理，9.7.1下列情况之一的安全帽应报废：c）从产品制造完成之日计，达到2.5年的安全帽。"

? **问题描述：**LNG 站内当班员工将监控电脑报警声音关闭。

错误做法

正确做法

《中华人民共和国安全生产法》第三十六条："生产经营单位不得关闭、破坏直接关系生产安全的监控、报警、防护、救生设备设施。"

3.2.5 消防设备设施

? **问题描述：** 值班室消防箱箱盖上堆放杂物，妨碍灭火器取用。

错误做法

正确做法

标准条款

　　《西南油气田分公司消防安全管理规定》第二十三条规定："加强对现有消防设施的管理，确保各种消防设备、设施完整好用。"

3.3 生产、生活辅助设施管理

❓ 问题描述： 场站照明灯安装在独立接闪杆上。

错误做法

正确做法

《建筑物防雷设计规范》(GB 50057—2010) 第 4.5.8 条规定："在独立接闪杆、架空接闪线、架空接闪网的支柱上，严禁悬挂电话线、广播线、电视接收天线及低压架空线等。"